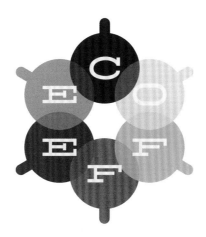

花式咖啡图典 Coffee

王森◎主编

河南科学技术出版社
· 郑州 ·

主　　编：王　森
副 主 编：张婷婷
参编人员：乔金波　苏　园　朋福东　武　文　孙安廷　韩俊堂　王启路
　　　　　张娉娉　顾碧清　韩　磊　张小芹　周建祥　刘　洋　武　磊
文字校对：邹　凡
摄　　影：苏　君

图书在版编目（CIP）数据

花式咖啡图典 / 王森主编 . -- 郑州：河南科学技术出版社，2014.11
（2019,9 重印）
ISBN 978-7-5349-7362-8

Ⅰ．①花… Ⅱ．①王… Ⅲ．①咖啡－配制－图解 Ⅳ．① TS273-64

中国版本图书馆 CIP 数据核字（2014）第 226573 号

出版发行：河南科学技术出版社
　　　　　　地址：郑州市郑东新区祥盛街27号　　邮编：450016
　　　　　　电话：（0371）65737028　65788613
　　　　　　网址：www.hnstp.cn
责任编辑：冯　英
责任校对：李晓娅
整体设计：杨红科
责任印制：张艳芳
印　　刷：北京盛通印刷股份有限公司
经　　销：全国新华书店
开　　本：720mm×1020mm 1/16　　**印张**：8.5　　**字数**：200千字
版　　次：2014年11月第1版　2019年9月第3次印刷
定　　价：38.00元

如发现印、装质量问题，影响阅读，请与出版社联系。

序

    冲煮咖啡并不如何困难,咖啡师的存在是为了让这个过程变得更美妙,更惬意,成为无比的享受。

    还没有到嗜咖啡如命的地步,但是也很喜欢自己一个人,静静地,磨豆、冲泡、描绘出喜欢的图案,将食物与创意结合起来,享受美,享受那一份暖烘烘的热度,享受一种怡然自得快意生活的静谧,这是一个私密到只有与最亲近的人才能分享的状态,旁人不可打扰。

    现在,我们就以各种花式咖啡的制作为主设计了这本关于咖啡的教材。本教材介绍了百余款咖啡的制作技法,用创意手法详尽地介绍雕花咖啡、拉花咖啡、调味咖啡等丰富的内容。

    精美的图片,与时尚接轨的创意思绪,从味觉到视觉,充满美感。

    咖啡从未辜负我们的期望,不断地带给我们快乐、幸福与美的享受。

    闲暇时光,有咖啡陪伴,谁都会渐渐爱上这种满室醇香的感觉吧。

    自己动手,余味永存。

王森，西式糕点技术研发者，立志让更多的人学会西点制作这门手艺。作为中国第一家专业西点学校的创办人，他将西点技术最大化地运用到了市场。他把电影《查理与巧克力梦工厂》的场景用巧克力真实地表现，他可以用面包做出巴黎埃菲尔铁塔，他可以用糖果再现影视中主角的形象，他开创了世界上首个面包音乐剧场，他是中国首个西点、糖果时装发布会的设计者。他让西点不仅停留在吃的层面，而且把西点提升到了欣赏及收藏的更高层次。

他已从事西点技术研究 20 年，教育培养了数万名学员，学员来自亚洲各地。自 2000 年创立王森西点学校以来，他和他的团队致力于传播西点技术，帮助更多的人认识西点，寻找制作西点的乐趣，从而获得幸福。

espresso

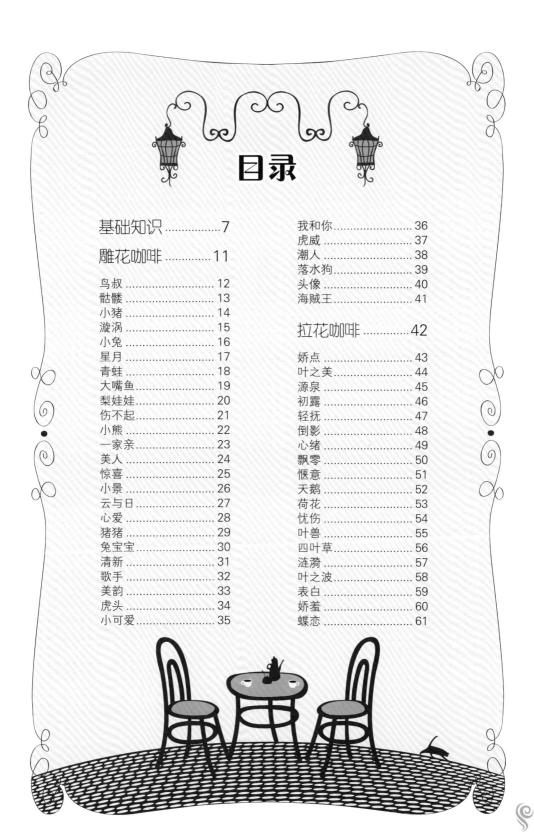

目录

COFFEE LOVERS

·基础知识·

1. 半自动咖啡机

半自动咖啡机俗称搬把子机，是意大利传统的咖啡机。

这种机器依靠人工操作磨粉、压粉、装粉、冲泡，人工清除残渣。

半自动咖啡机不能磨豆，只能用咖啡粉，所以要配合磨豆机使用。

半自动咖啡机有小型单龙头家用机，也有双龙头、三龙头大型商用机，较新型的机器还装有电子水量控制，可以自动精确控制调制咖啡的水量。

半自动咖啡机除了能做出意式浓缩咖啡外，还能打牛奶奶泡。

2. 磨豆机

把咖啡豆添加到磨豆机的豆槽中，调整到适合的磨豆刻度，按下开关，就可以把咖啡豆磨成粉了。使用后，要把没用完的咖啡豆及磨好的咖啡粉取出，密封存放，用餐巾纸或干净的抹布把磨豆机上咖啡的油迹擦去。

3. 手提搅拌机

手提搅拌机，可以打发淡奶油，还可以把果冻等打碎。

4. 制冰机

制冰机是一种将水通过蒸发器由制冷系统制冷剂冷却后生成冰的制冷机械设备。根据蒸发器和生成过程方式原理不同，生成的冰的形状也不同，人们一般根据冰的形状将制冰机分为颗粒冰机、片冰机、板冰机、管冰机、壳冰机等。

5. 碎冰机

碎冰机能把大块冰做成小碎冰，放在饮品里，是冷饮店的必备设备。

6. 食品料理机

食品料理机用来研磨、粉碎食物，可把冰块做成沙冰。

7. 雪克杯

雪克杯又称摇杯、调酒壶。用来摇混冰块、奶粉、果汁、蛋、蜂蜜等材料。可以使材料很快冷却，也可使不易调和在一起的材料充分混合，是制作泡沫红茶、鸡尾酒不可缺少的器具。

雪克杯由瓶盖、过滤网、瓶身三部分组成，一般分为不锈钢和树脂两种材质，较常用的规格有 360ml、500ml、700ml。

为防止雪克杯杯口磨损，导致杯内液体溢出，在取下杯盖及滤网时，切忌转动，而应将雪克杯放在平处，左手压稳杯身，右手轻轻摆动。

雪克杯中装有冰块时，不要用手掌贴住雪克杯，以免手的热度加速冰块融化。

8. 拉花杯

拉花杯也叫奶泡壶。

拉花杯有大小不同的规格，如 300ml、600ml、700ml 等，做单杯咖啡时一般选用 300ml 的。

打奶泡时，选择质地厚实、不锈钢的拉花杯最为合适。因为不锈钢导热快，用手触碰可以感觉到温度。同时，不锈钢杯降温也快，已打过但尚未用完的牛奶，可以用冰块水帮助降温，再与不锈钢杯一起放入冰箱中冷藏，待牛奶变冷后，还可再次加温打奶泡。

9. 咖啡杯

咖啡液的颜色呈琥珀色，且清澈，最好选用内呈白色的咖啡杯。

陶杯比较适合深色且口味浓郁的咖啡；瓷杯子则适用于口感较清淡的咖啡。

喝意大利咖啡一般使用 100 ml 以下的小咖啡杯；喝牛奶含量较高

高的咖啡（拿铁、法国牛奶咖啡等），则多使用没有杯托的马克杯。

在倒入咖啡前最好要温杯。刚做出的沸腾咖啡，一旦倒入冰冷的杯子里，温度骤然降低，香味会大打折扣，因此要把咖啡装在温度恰好的杯子里。可在咖啡杯中直接冲入热水，或放入烘碗机预先温热。

10. 盎司杯

盎司杯是呈漏斗状的不锈钢量杯，是调酒的必备工具之一。上下两端有两种容量，常见的型号有三种：14ml/28ml，25ml/42ml，28ml/56ml。

11. 雕花棒

雕花棒是一根棍，头尖就可以了。长度跟笔差不多，主要看自己的手感。细一些的纹路可以使用牙签来勾勒。

二、意式浓缩咖啡的制作方法

意式浓缩咖啡必须使用专用的烘焙咖啡豆。

意式浓缩咖啡所使用的多半是综合咖啡豆。

一般使用肯亚或者哥伦比亚咖啡豆制作单一口味的意式浓缩咖啡。这两种咖啡豆的颗粒大且果肉厚，豆质坚实，适合深度烘焙，也相当适合半自动咖啡机使用。

现在咖啡店一般采用半自动咖啡机制作意式浓缩咖啡。

半自动咖啡机是将加压热水送进极细的咖啡粉中，瞬间萃取出可溶解的成分，同时乳化脂质成分，产生焦糖般的香气与独特的咖啡液。

意式浓缩咖啡表面覆盖着细致的泡沫。

三、打发牛奶奶泡的方法

一般使用半自动咖啡机打发牛奶奶泡。

一般用全脂牛奶打发牛奶奶泡。

打发时要用冷牛奶，拉花杯也不要加热。

图1：把牛奶从冷藏柜中取出，倒入拉花杯里。先将半自动咖啡机的蒸汽管前端固定于牛奶表面，让空气进入。7～38℃打出细密泡沫（牛奶体积会增加 1.3～1.5 倍），38℃之后，将蒸汽管沉入牛奶中，固定位置后继续回转搅拌牛奶，使其产生泡沫。温度至 58～65℃后即可停止，超过此温度牛奶会失去甜度。

图2：打好后的奶泡：用勺子挖起倒下，细腻流畅。好的奶泡可以立起来，奶泡消泡的速度比较慢。

图3：太粗的奶泡：空气进入太多，奶泡气孔太大，泡沫颗粒浮起，松散无光泽。这样的奶泡看起来不好看，消泡的速度也特别快，放不久。

图4：太稀的奶泡：空气进入太少，打发不到位，奶泡太稀，根本立不起来。

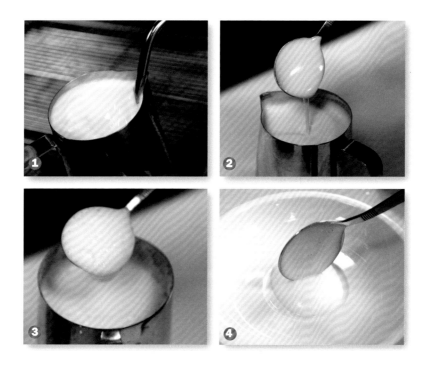

雕花咖啡
Coffee

首先用咖啡机制作出意式浓缩咖啡，装入咖啡杯中；冷牛奶装入拉花杯中，用咖啡机打好牛奶奶泡。

然后把奶泡倒入意式浓缩咖啡中，通过雕花棒装饰或修改形成的图案，或者通过巧克力酱画出图案。

1. 将牛奶打成奶泡后，直接倒入装有意式浓缩咖啡的杯中，轻轻地晃动出半圆。

2. 用勺子挖上细腻的奶泡，放上一个圆。

3. 用雕花棒蘸上咖啡液，先勾勒画出头发的形状来。

4. 再画上眼镜。

5. 接着是把鼻子、嘴巴画出。

6. 最后点画上小领结即可。

1. 在装有意式浓缩咖啡的杯中直接倒入细腻的奶泡。
2. 在杯子中间挖放上一个圆。
3. 在圆上对称地画上四个角，下面放上一个小圆点，形成骨头的形状。
4. 最后点上大大的骷髅眼睛和嘴等部分。

Coffee

骷髅

14

1. 先把牛奶用蒸汽打发成奶泡，倒入意式浓缩咖啡中。

2. 用勺子挖上奶泡，放在咖啡的表面，成一个圆。

3. 再用勺子挖放上耳朵的部分。

4. 接着用雕花棒画出耳朵的轮廓。

5. 最后点画上猪眼睛、鼻子等即可。

1. 将打发好的细腻的奶泡，慢慢倒入装有意式浓缩咖啡的杯中。
2. 用吸管吸上奶泡，在咖啡上从中间开始挤放奶泡。
3. 一直旋转到边缘即可。

❶

❷

❸

Coffee
漩涡

1. 把细腻的奶泡慢慢倒入装有意式浓缩咖啡的杯中。
2. 轻轻地晃动拉花杯，使晃出的纹路对称，在前面再倒上一个圆球。
3. 画出长长的耳朵，用雕花棒蘸上咖啡液点上鼻子、嘴。
4. 再用雕花棒蘸上咖啡液，画出小兔子的面部。
5. 最后在边上点画上两个小心的装饰即可。

1. 把细腻的奶泡慢慢地倒入装有意式浓缩咖啡的杯中，倒至满杯，不要破坏咖啡的油脂表面。
2. 用勺子挖上细腻的奶泡，在杯子表面的一边先做出一个弧形。
3. 再在另一边做出一个圆点。
4. 最后用雕花棒修饰，画出星星的尖尖部分即可。

① ② ③ ④

17

Coffee
星月

1. 用勺子挖上细腻的奶泡，放在装有意式浓缩咖啡的杯子中。

2. 再慢慢倒入奶泡至满杯。

3. 用雕花棒蘸上咖啡液，在奶泡表面画青蛙轮廓。

4. 雕花棒蘸上咖啡液，画上睫毛。

5. 接着画上青蛙爪子。

6. 最后再蘸上咖啡液，画上青蛙眼睛和嘴巴即可。

1. 把意式浓缩咖啡直接萃取到咖啡杯中，把打好的奶泡直接倒入杯中。
2. 轻轻晃动拉花杯，使晃出的纹路左右大小一致。
3. 接着提高拉花杯向前收尾。
4. 用雕花棒点上眼睛、嘴巴和泡泡即可。

Coffee
大嘴鱼

Coffee
梨娃娃

20

1. 用勺子挖上细腻的奶泡，放入装有意式浓缩咖啡的杯子正中间，让奶泡晕开。
2. 再把奶泡慢慢倒入杯中，直至倒满为止。
3. 用雕花棒蘸上咖啡液，画出轮廓。
4. 接着画上头发和眼睛。
5. 蘸上咖啡液，画上鼻子和嘴，最后点缀上图案即可。

1. 挖上细腻的奶泡，放入装有意式浓缩咖啡的杯子中。
2. 再倒入奶泡，倒满杯。
3. 用雕花棒蘸上咖啡液，先画上整个轮廓的部分。
4. 接着画上全身缠着布的纹路。
5. 最后点画上表情即可。

① ② ③ ④ ⑤

Coffee
伤不起

Coffee
小熊

① ② ③
④ ⑤ ⑥

1. 在意式浓缩咖啡的表面撒上可可粉。
2. 倒入细腻的奶泡，要轻轻地在原地晃动拉花杯，使其形成一个圆。
3. 在大圆边缘倒入一个小圆。
4. 再用雕花棒蘸上咖啡液，画出耳朵。
5. 接着画上鼻子的部分。
6. 最后点上眼睛即可。

1. 用勺子挖上打好的细腻奶泡，放入装有意式浓缩咖啡的杯子中间，让奶泡晕开。
2. 再把奶泡慢慢倒入杯中，直至倒满为止。
3. 用雕花棒蘸上咖啡液，画出小兔子的轮廓。
4. 接着画出耳朵。
5. 最后点上眼睛即可。

Coffee

一家亲

1. 把细腻的奶泡沿着杯子的边缘放入到意式浓缩咖中。
2. 留下一点咖啡色后,倒入奶泡,至满杯。
3. 用雕花棒在表面画出美女面部轮廓。
4. 接着画上美女五官。
5. 最后修饰一下头发即可。

1. 把细腻的奶泡放入到意式浓缩咖啡中，贴着一边的杯壁放入，形成一个弧形的咖啡色外圈。

2. 再慢慢倒入奶泡，倒满为止。

3. 用雕花棒蘸上咖啡液，在奶泡的表面画上帽子和脸的轮廓。

4. 接着画上头发的部分。

5. 最后画上五官即可。

Coffee 惊喜

1. 把打发的奶泡用勺子挖放到意式浓缩咖啡中，奶泡贴着杯子边缘放入。

2. 中间部分留下一块咖啡的色块后，再慢慢倒入奶泡，倒满为止。

3. 用雕花棒蘸上咖啡液，把咖啡色块的部分修饰成一块石头。

4. 在石头上画出小草。

5. 最后画上小鱼即可。

1. 把打发的奶泡用勺子挖放到意式浓缩咖啡中，奶泡要贴着杯子的边缘放入。
2. 留下一块咖啡的色块后，再慢慢倒入奶泡至满。
3. 用雕花棒蘸上咖啡液，把咖啡色块修饰成乌云的部分。
4. 在乌云上面画出太阳的部分。
5. 最后画上太阳的表情。

Coffee
云与日

1. 在意式浓缩咖啡的表面倒入细腻的奶泡。

2. 在倒入时要轻轻地在原地晃动拉花杯，使其形成一个圆，大小自己控制。

3. 再用雕花棒蘸上咖啡液，把心一分为二，画出鼻子的轮廓。

4. 接着画上眼睛和眉毛。

5. 最后画上嘴巴的等即可。

1. 将打发的细腻的奶泡慢慢倒入杯中，这样可以避免倒入厚重的奶泡。
2. 用勺子挖上奶泡，在表面放上一大一小两个圆。
3. 用雕花棒蘸上奶泡，在圆形的上方点画上耳朵。
4. 接着蘸上咖啡液再点上鼻子的部分。
5. 最后画上眼睛等部分就完成了。

Coffee

猪猪

1. 在意式浓缩咖啡的表面撒上可可粉，再倒入细腻的奶泡。
2. 倒入时要轻轻地在原地晃动拉花杯，形成一个圆弧。
3. 形成一个弧形时，停止，再倒入一个圆形。
4. 在用雕花棒蘸上咖啡液，画出耳朵等。
5. 再用雕花棒蘸上咖啡液，画出面部。
6. 最后装饰一下即可。

1. 在意式浓缩咖啡的表面撒上可可粉，再倒入细腻的奶泡。
2. 在倒入时要轻轻地在原地晃动拉花杯，使其形成一个圆，大小自己控制。
3. 用雕花棒在表面画出美女的头发。
4. 再画上鼻子。
5. 最后画上眼睛和嘴巴即可。

❶ ❷ ❸ ❹ ❺

Coffee

清新

歌手 Coffee

①
②
③
④
⑤
⑥

1. 挖上细腻的奶泡，放入意式浓缩咖啡中。
2. 再倒入奶泡，倒满杯。
3. 用雕花棒蘸上咖啡液，先画出头部的轮廓。
4. 接着画出头发和身体的轮廓。
5. 再画出五官的部分。
6. 最后写上名字就完成了。

1. 把细腻的奶泡，沿着杯子的边缘放入意式浓缩咖啡中。
2. 留下一点咖啡色后，倒入奶泡，至满杯。
3. 用雕花棒画出头发的纹路，像卷发。
4. 接着画上美女面部的轮廓。
5. 最后画上五官即可。

① ② ③ ④ ⑤

Coffee
美韵

1. 在意式浓缩咖啡的表面撒上可可粉，再倒入细腻的奶泡。

2. 在倒入时要轻轻地在原地晃动拉花杯。

3. 使其形成一个圆。

4. 再用雕花棒蘸上咖啡液，画出耳朵。

5. 接着画上面部表情。

6. 最后在头部上方中间写一个"王"字即可。

1. 拉花杯放在咖啡杯中间。
2. 移动拉花杯到咖啡杯边缘处，要一直左右摆动出白色纹路。
3. 原地晃动，形成一个圆为止。
4. 最后在圆点上画上虫子的触角和表情即可。

Coffee
小可爱

Coffee 我和你

36

① ② ③

④ ⑤ ⑥

1. 把细腻的奶泡用勺子放入意式浓缩咖啡的中间。
2. 当奶泡撑满整个杯面时，再慢慢倒入奶泡，倒满杯。
3. 用雕花棒蘸上咖啡液，先定出女孩的轮廓。
4. 接着是细画整体和五官。
5. 用雕花棒蘸上咖啡液，画出男孩的轮廓和细节。
6. 最后用巧克力酱挤上皇冠和蝴蝶结即可。

1. 在意式浓缩咖啡的表面倒入细腻的奶泡。
2. 在倒入时要轻轻地在原地晃动拉花杯，使其形成一个圆点，大小自己控制。
3. 再用雕花棒蘸上咖啡液，画出耳朵。
4. 接着画上面部表情即可。

Coffee
虎威

1. 把细腻的奶泡用勺子放入
   意式浓缩咖啡的中间。
2. 当奶泡撑满整个杯面时，
   再慢慢倒入奶泡至满杯。
3. 用雕花棒蘸上咖啡液，先
   画出上部轮廓。
4. 接着画轮廓。
5. 用雕花棒蘸上咖啡液，画
   出衣服、头发等。
6. 最后画出中间人物的面部
   即可。

1. 拉花杯放在咖啡杯中间。
2. 摆动拉花杯转半圈形成漩涡。
3. 移动拉花杯到咖啡杯中间倒出两个圆形。
4. 接着移动拉花杯倒出第三个圆，就是小狗的嘴。
5. 再用雕花棒蘸上咖啡液，点上眼睛和鼻子。
6. 用白色奶沫及咖啡液画出耳朵。

Coffee
落水狗

1. 在意式浓缩咖啡中，倒入细腻的奶泡。
2. 轻轻地左右晃动，形成弧形。
3. 再向前倒入一个椭圆形。
4. 再用雕花棒蘸上咖啡液，画上表情的部分。
5. 最后在头部上方画出纹路即可。

1. 把细腻的奶泡挖入杯中，贴着一边的杯壁放入，形成弧形的咖啡色外圈。
2. 再慢慢倒入奶泡至满为止。
3. 用雕花棒蘸上咖啡液，在奶泡的表面画框框。
4. 在框框中先画上帽子和面部的轮廓。
5. 接着画出细节部分。
6. 最后在外围拉出装饰线。

Coffee
海贼王

拉花咖啡
Coffee

首先用咖啡机制作出意式浓缩咖啡，装入咖啡杯中；冷牛奶装入拉花杯中，用咖啡机打好牛奶奶泡。

然后把奶泡倒入意式浓缩咖啡中，通过左右晃动拉花杯，在咖啡杯面产生独特的拉花图案。

咖啡拉花比雕花技术难度高，需要不断实践，慢慢掌握。

1. 拉花杯放在咖啡杯中间。
2. 摆动拉花杯向后退，出现纹路。
3. 移动拉花杯到咖啡杯一边的中间位置，倒出圆形。
4. 移动拉花杯，倒出第二、第三、第四个圆形，提起拉花杯到咖啡杯边缘即可。

Coffee
娇点

1. 拉花杯放在咖啡杯中间。
2. 移动拉花杯到咖啡杯边缘处，开始摆动。
3. 要一直左右摆动出现白色纹路，移动拉花
   杯往后退到咖啡杯边缘。
4. 提起拉花杯让牛奶变细到咖啡杯边缘。

1. 拉花杯放在咖啡杯一侧开始摆动，边摆边转咖啡杯。
2. 摆动出白色纹路。
3. 转圈摆动，纹路一定要均匀。
4. 倒出白色圆形。
5. 提起拉花杯让牛奶变细，穿过圆形，使其变成心形。

① ② ③ ④ ⑤

Coffee
源泉

1. 拉花杯放在咖啡杯中间。
2. 拉花杯移到咖啡杯一侧开始摆动出现白色纹路，摆动一圈。
3. 移动拉花杯到咖啡杯中间。
4. 摆动拉花杯出现白色，开始晃动出叶子。
5. 提起拉花杯穿过纹路，形成叶子。

1. 拉花杯放在咖啡杯中间。
2. 移动拉花杯到咖啡杯一侧，摆出纹路。
3. 再移动至另一侧，摆出纹路。
4. 把拉花杯放在咖啡杯中间，倒出一个圆形。
5. 连续再推出三个圆形，穿过圆形变推心即可。

Coffee 轻抚

48

1. 拉花杯放在咖啡杯中间。
2. 拉花杯左右摆出叶子纹路。
3. 转动咖啡杯一圈，在叶子的根部倒出第一个圆形。
4. 继续倒出第二至第六个圆形。
5. 提起拉花杯让牛奶变细，移到咖啡杯边缘即可。

1. 拉花杯放在咖啡杯中间。
2. 移动拉花杯到杯子的一边，开始摆动，出现白色纹路。
3. 继续移动拉花杯倒出第二个纹路。
4. 提起拉花杯让牛奶变细，移到咖啡杯边缘。
5. 接着再倒出一个叶形，一个接一个向前推压，最后提起拉花杯让牛奶变细，移到咖啡杯边缘。

Coffee
心绪

1. 拉花杯放在咖啡杯一侧开始左右摆动。
2. 边摆出纹路边转动咖啡杯直到出现漩涡纹路。
3. 移动拉花杯到咖啡杯中间，倒出白色圆形。
4. 继续移动拉花杯倒出第二、第三、第四个白色圆形。
5. 最后提起拉花杯向一侧收尾，即可完成。

1. 拉花杯放在咖啡杯一侧开始摆动，边摆边转咖啡杯。
2. 摆动出白色纹路。
3. 一直摆动一圈，纹路一定要均匀。
4. 移动拉花杯倒出白色圆形。提起拉花杯让牛奶变细，拉出心形。
5. 移动拉花杯到一侧，摆动出叶子，再移动拉花杯摆动出第二个叶子即可。

Coffee 惬意

天鹅 Coffee

52

 ❶

 ❷

 ❸

 ❹

 ❺

1. 拉花杯放在咖啡杯一侧。

2. 左右摆动拉花杯，出现白色花纹。

3. 把拉花杯移到咖啡杯另一侧，摆出花纹。

4. 移动拉花杯到咖啡杯中间，倒出白色往后移动，形成天鹅的脖子。

5. 最后倒出天鹅的头部，是一个小的心形。

1. 拉花杯放在咖啡杯中间。
2. 连续移动拉花杯，推出四个纹路。
3. 转动咖啡杯一圈倒出第一个圆。
4. 移动拉花杯连续再倒两个圆。
5. 最后提起拉花杯移到咖啡杯边缘即可。

Coffee
荷花

1 拉花杯放在咖啡杯中间。

2. 拉花杯左右摆动，出现白色纹路，一直退到杯子边缘。

3. 移动拉花杯到一侧，从叶子中间处倒出白色圆形。

4. 连续倒出三个圆形，穿过圆形变成推心。

5. 再把拉花杯移到咖啡杯另一侧，同样倒出三个圆形，穿过圆形成推心。

1. 拉花杯移到咖啡杯一侧，
   左右摆动晃出纹路。
2. 再移动拉花杯到另一侧，
   摆出纹路。
3. 在两个纹路中间推倒出一
   个圆形。
4. 接着这个圆再推两个，收
   尾向前即可。
5. 雕花棒蘸上咖啡液，在中
   间点上几个点即可。

Coffee
叶兽

Coffee
四叶草

56

1. 拉花杯放在咖啡杯中间处。

2. 从中间往边缘晃出纹路，再收回到中间。

3. 再从中间出发，在相反的方向晃出纹路。

4. 同样收回到中间，在垂直方向再晃出一条纹路。

5. 收回到中间，再晃出最后一条纹路。四片纹路要对称，收尾都是向中间结尾。

1. 拉花杯放在咖啡杯中间。
2. 拉花杯左右摆出叶子纹路。
3. 转动咖啡杯一圈倒出第一个圆形。
4. 继续移动拉花杯倒出第二、第三个圆形。
5. 提起拉花杯让牛奶变细，移到咖啡杯边缘即可。

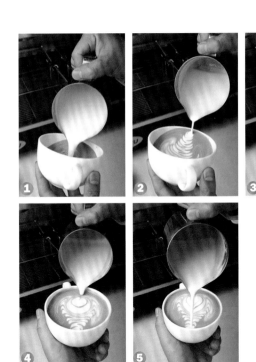

Coffee

涟漪

1. 拉花杯放在咖啡杯一侧。
2. 左右摆动拉花杯，出现白色纹路。
3. 转动咖啡杯半圈，拉花杯到了咖啡杯另一侧。
4. 左右摆动出第一个叶子，旁边倒出第二个叶子。
5. 继续倒出第三个叶子即可。

1. 拉花杯放在咖啡杯中间。
2. 移动拉花杯到咖啡杯一侧，摆出纹路。
3. 再移动到另一侧，摆出纹路。
4. 把拉花杯放在咖啡杯中间，倒出一个圆形。
5. 连续再推出几个圆形，穿过圆形变推心。

Coffee
表白

娇羞 *Coffee*

60

1. 拉花杯放在咖啡杯中间。
2. 把拉花杯移到咖啡杯边缘左右摆动。
3. 退到边缘，提起拉花杯让牛奶变细到杯子的另一边缘。
4. 转动咖啡杯到叶子的一侧，左右摆动出一个小叶子。
5. 在旁边再做出第二个小叶子。

1. 拉花杯放在咖啡杯一侧。
2. 连续移动咖啡杯推出白色
   纹路四个。
3. 再连续移动拉花杯推出白
   色纹路两个，共六层，穿
   过纹路变成推心。
4. 再移动拉花杯到咖啡杯一
   侧，倒出两个心形。
5. 用雕花棒蘸上咖啡液，点
   上小点。

Coffee
蝶恋

62

❶ ❷ ❸ ❹ ❺

1. 拉花杯从咖啡杯一侧开始左右摆动。

2. 边摆出纹路边转动咖啡杯直到出现半漩涡纹路。

3. 移动拉花杯到咖啡杯中间，倒出白色圆形。

4. 继续移动拉花杯倒出第二、第三个白色圆形。

5. 移动拉花杯倒出第四和第五个圆形，提起拉花杯让牛奶变细到咖啡杯边缘。

1. 拉花杯放在咖啡杯中间。
2. 倾斜咖啡杯倒出白色圆形，共两层，提起拉花杯到杯子边缘处。
3. 移动拉花杯到咖啡杯一侧，倒出白色圆形。
4. 继续移动拉花杯倒出第二、第三个白色圆形，提起拉花杯让牛奶变细，穿过圆变成心形。
5. 移动拉花杯到另一侧，再倒出三个圆，穿过圆变心形，在中间点上小点。

Coffee 呼应

1. 拉花杯放到咖啡杯中间，摆动，形成大面积白色。
2. 移动拉花杯倒出第二个圆。
3. 移动拉花杯倒出第三个圆。
4. 移动拉花杯倒出第四、第五、第六个圆。
5. 提起拉花杯让牛奶变细到咖啡杯边缘。

1. 拉花杯放在咖啡杯中间。
2. 摆动拉花杯形成大面积白色。
3. 连续倒出五个圆形。
4. 移动拉花杯到咖啡杯一边，摆出叶子，再移动到另一边摆出叶子。
5. 最后在推心上点上点。

Coffee
花与叶

心花 Coffee

1. 拉花杯放在咖啡杯边缘处。
2. 连续移动咖啡杯推出白色纹路五层。
3. 穿过纹路变成推心。
4. 再移动拉花杯到咖啡杯一侧，推出四层心形。
5. 用雕花棒蘸上咖啡液，点上小点。

1. 拉花杯放在咖啡杯的一边。

2. 摆出大面积白色再推出两个圆形。

3. 连续移动拉花杯推出圆形，一共五个。

4. 拉花杯再移动到另一边，推出圆形，共四层。

5. 提起拉花杯，让牛奶变细，到咖啡杯边缘即可。

Coffee
陌路

❶ ❷ ❸

❹ ❺ ❻

1. 拉花杯放在咖啡杯中间。

2. 连续移动拉花杯，推出四个纹路。

3. 转动咖啡杯一圈倒出第一个圆。

4. 移动拉花杯连续倒出三个圆。

5. 提起拉花杯，移到咖啡杯边缘。

6. 在推心的一面，用雕花棒蘸上咖啡液，点上眼睛和鼻子。

1. 拉花杯放在咖啡杯中间。
2. 移动拉花杯，连续推出四个纹路。
3. 再移动拉花杯，隔一小段距离，连着推出三
   个圆形。
4. 提起拉花杯，穿过圆形变成推心。

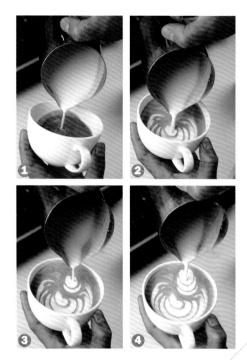

心动 Coffee

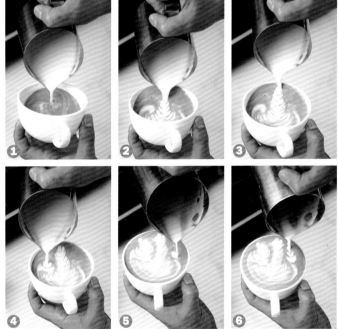

1. 拉花杯放在咖啡杯中间。
2. 摆动拉花杯，出现白色纹路。
3. 摆动到咖啡杯边缘，提起拉花杯，形成第一个叶子。
4. 移动拉花杯到一侧，摆动形成第二个叶子。
5. 移动拉花杯到另一侧，摆动向前推，形成推心纹路。
6. 提起拉花杯到咖啡杯边缘即可。

1. 拉花杯放到咖啡杯的中间，摆动。
2. 形成大面积白色，作为第一个圆。
3. 移动拉花杯倒出第二个圆。
4. 移动拉花杯倒出第三个圆。
5. 移动拉花杯倒出第四、第五个圆。
6. 提起拉花杯使牛奶变细，一直淋到咖啡杯边缘。

Coffee
春心

Coffee

相依

① ② ③
④ ⑤ ⑥

1. 拉花杯放在咖啡杯中间。
2. 摆动拉花杯向后退，出现
   纹路。
3. 移动拉花杯到咖啡杯一
   边，倒出第一个圆形。
4. 移动拉花杯倒出第二个圆
   形。
5. 移动拉花杯倒出第三、第
   四、第五、第六个圆形。
6. 提起拉花杯，淋到咖啡杯
   边缘即可。

1. 拉花杯放在咖啡杯一侧，左右摆动。
2. 边摆出纹路边转动咖啡杯，直到出现漩涡纹路。
3. 移动拉花杯到咖啡杯中间，倒出白色圆形。
4. 继续移动拉花杯倒出第二、第三个白色圆形。
5. 移动拉花杯倒出第四个圆形。
6. 最后提起拉花杯到咖啡杯边缘即可。

Coffee
迷幻

Coffee
叶聚

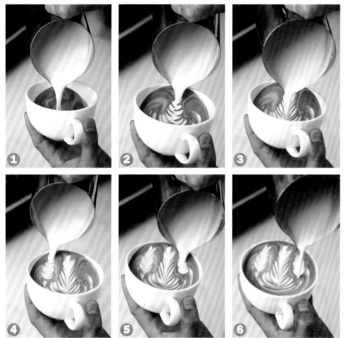

① ② ③

④ ⑤ ⑥

1. 拉花杯放在咖啡杯中间。
2. 摆动拉花杯，出现白色纹路。
3. 到咖啡杯边缘提起拉花杯，形成第一个叶子。
4. 移动拉花杯到一侧，摆动形成第二个叶子。
5. 移动拉花杯到另一侧，摆动形成第三个叶子。
6. 提起拉花杯淋到咖啡杯边缘即可。

1. 拉花杯放到咖啡杯的中央处摆动。
2. 形成大面积白色。
3. 移动拉花杯倒出第二、第三个圆。
4. 以此类推，移动拉花杯倒出第四到第八个圆，提起拉花杯牛奶变细到咖啡杯边缘。
5. 用雕花棒蘸上少量的奶泡，从推心外围向中间画。
6. 蘸上咖啡液，在前端点上小点装饰。

Coffee
幻觉

1. 拉花杯放在咖啡杯中间。
2. 摆动拉花杯，出现白色纹路。
3. 摆动到咖啡杯边缘，向前提起拉花杯，形成叶子。
4. 移动拉花杯到咖啡杯一侧，倒出白色圆形。
5. 继续移动拉花杯倒出第二、第三个白色圆形，提起拉花杯使牛奶变细，穿过圆变成心形。
6. 移动拉花杯到另一侧，再倒出三个白色圆形，穿成心形即可。

1. 拉花杯放在咖啡杯一侧，开始左右摆动。
2. 边摆出纹路边转动咖啡杯。
3. 移动拉花杯到咖啡杯中间，倒出白色圆形。
4. 继续移动拉花杯倒出第二至第四个白色圆形。
5. 移动拉花杯倒出第五、第六个圆形。
6. 提起拉花杯，淋到咖啡杯边缘。

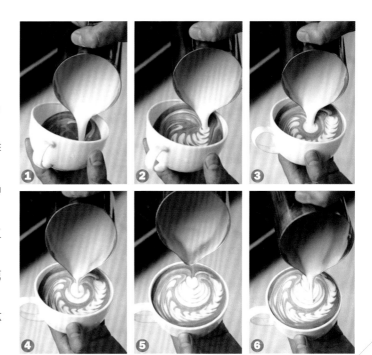

① ② ③ ④ ⑤ ⑥

Coffee

环绕

1. 拉花杯放在咖啡杯中间。
2. 摆动拉花杯向后退出现叶子纹路，提起拉花杯，牛奶变细，淋到咖啡杯边缘。
3. 移动拉花杯到咖啡杯一侧，在叶子的中间处倒出第一个圆形。
4. 移动拉花杯，倒出第二、第三个圆形。
5. 提起拉花杯，牛奶变细，穿过圆变成心形。
6. 移动拉花杯到另一边，连续倒出三个圆形，提起拉花杯，淋到咖啡杯边缘。

1. 拉花杯放在咖啡杯中间。
2. 左右摆动拉花杯，出现白色花纹。
3. 移动拉花杯到一侧，摆出纹路。
4. 再移动拉花杯到另一侧，摆出纹路。
5. 在两个纹路中间推出一个圆形。
6. 接着这个圆再推一个，收尾向前穿出心形即可。

Coffee
吸引

① ② ③

④ ⑤ ⑥

1. 拉花杯放在咖啡杯中间。
2. 左右摆动，出现白色纹路。
3. 移动拉花杯，在纹路的表面再倒出一层纹路。
4. 提起拉花杯让牛奶穿过纹路，成双层叶子。
5. 用雕花棒蘸上奶沫，在两边各点上三个白点。
6. 用雕花棒从白点中间划过，就会形成一串心形。

1. 拉花杯放在咖啡杯中间。
2. 摆动拉花杯靠向咖啡杯的一边，出现纹路。
3. 移动拉花杯到咖啡杯另一边，倒出第一个圆形。
4. 移动拉花杯继续倒出第二、第三、第四个圆形，提起拉花杯让牛奶变细，穿过圆形变成心形。
5. 移动拉花杯到叶子与推心的中间，倒出一个圆形。
6. 再倒一个圆形，提起拉花杯到咖啡杯边缘即可。

含苞

Coffee
心连心

① ② ③

④ ⑤ ⑥

1. 拉花杯放在咖啡杯中间。

2. 拉花杯左右摆出叶子纹路。

3. 转动咖啡杯一圈倒出第一个圆形，继续移动拉花杯倒出第二个圆形。

4. 移动拉花杯，分别摆出两条花纹。

5. 然后在两条花纹中间推出一个白色圆形。

6. 提起拉花杯让牛奶变细，移到咖啡杯边缘即可。

1. 拉花杯放在咖啡杯中间。
2. 移动拉花杯到咖啡杯一侧，摆出纹路。
3. 再移动到另一侧，摆出纹路。
4. 转动咖啡杯一圈，倒出第一个圆形。
5. 继续移动拉花杯，倒出第二、第三个圆形。
6. 提起拉花杯让牛奶变细，移到咖啡杯边缘即可。

背离

Coffee

84

1. 拉花杯放在咖啡杯中间。

2. 把拉花杯移到咖啡杯边缘
   左右摆动。

3. 摆出纹路往后退到边缘，
   提起拉花杯让牛奶变细淋
   到杯子的边缘，形成叶状。

4. 在叶子侧面的中间连续倒
   出两个圆形。

5. 继续移动拉花杯倒出第
   三、第四、第五个圆，提
   起拉花杯让牛奶变细，淋
   到咖啡杯边缘。

6. 用雕花棒蘸上咖啡液，点
   上点。

1. 拉花杯放在咖啡杯中间。
2. 摆动拉花杯形成大面积白色。
3. 连续再倒出三个圆形，移到咖啡杯边缘。
4. 移动拉花杯到咖啡杯一边，摆出叶子。
5. 再移动拉花杯到咖啡杯另一边，摆出叶子。
6. 提起拉花杯移到咖啡杯边缘即可。

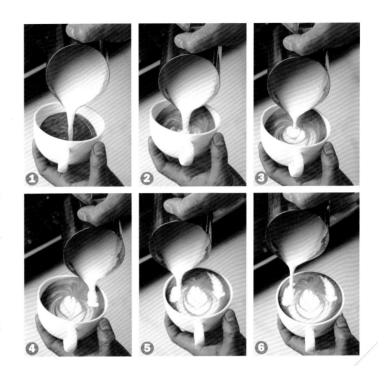

Coffee
呵护

86

① ② ③
④ ⑤ ⑥

1. 拉花杯放在咖啡杯中间。
2. 把拉花杯移到咖啡杯边缘，左右摆动。
3. 摆出纹路往后退到边缘，提起拉花杯让牛奶变细，淋到杯子的边缘。
4. 在叶子的侧面倒出一个圆形。
5. 继续移动拉花杯倒出第二、第三、第四、第五个圆。
6. 提起拉花杯让牛奶变细，淋到咖啡杯边缘。

1. 拉花杯放到咖啡杯的中间，摆动，形成大面积白色的圆。
2. 移动拉花杯倒出第二个圆。
3. 移动拉花杯倒出第三个圆。
4. 移动拉花杯倒出第四个圆。
5. 移动拉花杯倒出第五、第六个圆。
6. 提起拉花杯，牛奶变细，淋到咖啡杯边缘。

Coffee
花容

熊猫

Coffee

88

① ② ③

④ ⑤ ⑥

1. 拉花杯放在咖啡杯一侧，
   左右摆动拉花杯。

2. 边摆出纹路边转动咖啡
   杯，出现叶子纹路。

3. 移动拉花杯到咖啡杯中
   间，倒出两个圆形。

4. 用雕花棒蘸上白色奶沫，
   点上耳朵。

5. 再蘸上咖啡液，点上眼睛。

6. 最后画出鼻子、眼球等细
   节部分。

1. 拉花杯放在咖啡杯中间。
2. 移动拉花杯，连续推出五层纹路。
3. 再移动拉花杯，隔一小段再连着推出四层圆形。
4. 提起拉花杯，穿过圆形变成推心。
5. 在最前端的心上，用雕花棒拉出尖来。
6. 蘸上咖啡液，点上小点装饰。

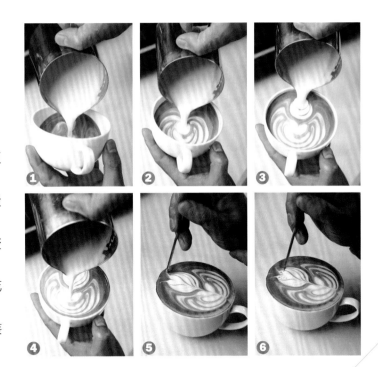

Coffee
化蝶

曼妙 Coffee

1. 拉花杯放在咖啡杯中间。

2. 拉花杯左右摆出叶子纹路。

3. 转动咖啡杯一圈，在叶子的根部倒出圆形。

4. 提起拉花杯让牛奶变细，移到咖啡杯边缘
即可。

1. 拉花杯放在咖啡杯中间。
2. 移动拉花杯到咖啡杯边缘处，左右摆动。
3. 摆动出白色纹路。
4. 移动拉花杯往后退到咖啡杯边缘，提起拉
   花杯，让牛奶变细，直到咖啡杯边缘。

生机 Coffee

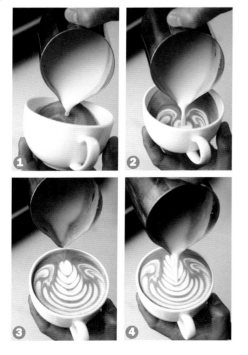

1. 拉花杯放在咖啡杯边缘处。

2. 连续移动咖啡杯推出白色纹路四个。

3. 连续移动拉花杯推出白色纹路五个，共九层。

4. 穿过纹路变成推心。

调味咖啡
Coffee

调味咖啡是在意式浓缩咖啡中加入牛奶、奶油、糖浆、肉桂、可可、酒等，形成不同的口味。

可加入冰块、冰淇淋等做出冰咖啡。做冰咖啡时，应先把刚做好的热的意式浓缩咖啡放置冷却后再加冰块、冰淇淋等。

94

青苹果糖浆 30ml
冰块 15 块
意式浓缩咖啡 30ml
汽水 100ml
青提子 10 个

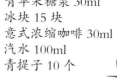

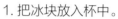

1. 把冰块放入杯中。
2. 接着倒入青苹果糖浆。
3. 意式浓缩咖啡放凉后，沿着杯子的边缘，慢慢倒入。
4. 把青提子对半切开。
5. 把青提子放入杯中。
6. 倒入汽水即可。

意式浓缩咖啡 60ml
牛奶 60ml（需打发）
石榴糖浆 10ml
绿薄荷力娇酒 20ml

1. 量取石榴糖浆，倒入杯中。
2. 再倒入绿薄荷力娇酒。
3. 将牛奶打发后，先将奶泡
   刮入杯中，再慢慢倒入牛
   奶。
4. 慢慢倒入意式浓缩咖啡。
5. 在表面挖上奶泡。
6. 在表面点缀上一颗棉花糖
   即可。

石榴泡
沫咖啡

焦糖煎
饼咖啡

蛋黄煎饼 8 片
淡奶油 50ml（需打发）
焦糖糖浆 20ml
意式浓缩咖啡 20ml
鸡蛋力娇酒 20ml

1. 把淡奶油打发，挤一点在
   盘中，放上一片蛋黄煎饼。
   再挤点奶油，放块蛋黄煎
   饼，直到把蛋黄煎饼放完。
2. 把意式浓缩咖啡倒入盘底。
3. 淋上焦糖糖浆。
4. 再用同样的方式淋上鸡蛋
   力娇酒。
5. 挤上打发的淡奶油。
6. 装饰上巧克力豆和莱姆丝。

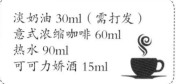

淡奶油 30ml（需打发）
意式浓缩咖啡 60ml
热水 90ml
可可力娇酒 15ml

1. 把意式浓缩咖啡倒入杯中。
2. 把热水倒入杯中。
3. 量取可可力娇酒，倒入杯中。
4. 把淡奶油打发，用勺子挖到杯中，表面装
   饰上香草口味蛋白饼即可。

奶油可
可咖啡

音乐
咖啡

98

淡奶油 20ml（需打发）
意式浓缩咖啡 60ml
伏特加酒 15ml
糖浆 15ml
可可粉适量

1. 量取伏特加，倒入杯中。
2. 再倒入糖浆。
3. 接着倒入意式浓缩咖啡。
4. 在表面挖放上打发的淡奶
   油。
5. 最后撒上可可粉即可。

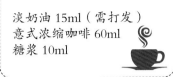

淡奶油 15ml（需打发）
意式浓缩咖啡 60ml
糖浆 10ml

1. 先将意式浓缩咖啡倒入杯中。
2. 接着倒入糖浆。
3. 把淡奶油打发，挖放在表面。
4. 最后装饰上黑巧克力碎即可。

❶ ❷
❸ ❹

小杯
咖啡

淡奶油 20ml（需打发）
意式浓缩咖啡 60ml
热水 90ml
朱古力酱 30ml
橙汁 15ml

1. 取朱古力酱。

2. 把朱古力酱和橙汁倒入杯
   中。

3. 接着倒入意式浓缩咖啡和
   热水。

4. 在表面挖放上打发的淡奶
   油。

5. 最后装饰上橙皮即可。

意式浓缩咖啡 60ml
糖浆 15ml
冰块 10 块
红葡萄酒 60ml

1. 将意式浓缩咖啡倒入雪克杯中。
2. 量取红葡萄酒，倒入雪克杯中。
3. 加入冰块，摇晃均匀。
4. 去冰后，倒入杯中，加入糖浆即可。

❶ ❷ ❸ ❹

葡萄酒
冰咖啡

瑞典咖啡

意式浓缩咖啡 60ml
水 70ml
蛋黄 1 个
砂糖 10g
淡奶油 10ml
可可粉少许

1. 将蛋黄、砂糖和水放入锅中，搅匀。
2. 搅匀后慢慢倒入50 ~ 60℃的意式浓缩咖啡。
3. 放在火上边煮边搅拌。
4. 煮好后倒入杯中。
5. 在咖啡表面倒上淡奶油。
6. 最后撒上可可粉即可。

意式浓缩咖啡 70ml
柠檬浓缩汁 5ml
方糖 2 块
柠檬皮少许

1. 量取柠檬浓缩汁，倒入杯中。
2. 再倒入意式浓缩咖啡。
3. 把方糖放入。
4. 在表面放上柠檬皮即可。

❶ ❷ ❸ ❹

罗马
咖啡

泡沫
冰咖啡

① ② ③

④ ⑤ ⑥

意式浓缩咖啡 60ml
水 40ml
糖浆 10ml
朱古力酱 20ml
冰块 5 块
牛奶 60ml

1. 把糖浆、朱古力酱、水、
   意式浓缩咖啡倒入雪克杯
   中，摇匀。

2. 把摇匀的咖啡倒入杯中。

3. 放凉后放入冰块。

4. 把牛奶用蒸汽打发。

5. 把打发的牛奶泡沫用勺子
   放到杯中。

6. 最后装饰上巧克力碎。

意式浓缩咖啡 60ml
黑朗姆酒 20ml
淡奶油 20ml
肉桂棒 1 根

1. 先在杯中倒入意式浓缩咖啡。
2. 接着倒入黑朗姆酒。
3. 在表面慢慢倒入淡奶油。
4. 插上 1 根肉桂棒即可。

朗姆
咖啡

橙香咖啡

意式浓缩咖啡 40ml
热水 50ml
蓝橙利口酒 15ml
鲜橙果肉 2 片
肉桂棒 1 根

1. 把蓝橙利口酒先倒入杯中。
2. 接着倒入意式浓缩咖啡。
3. 倒入热水。
4. 把鲜橙果肉切好放入杯中。
5. 最后装饰上肉桂棒即可。

淡奶油 20ml（需打发）
意式浓缩咖啡 40ml
抹茶冰淇淋 3 个球
水 60ml
巧克力卷 2 根

1. 把水和意式浓缩咖啡搅匀，放凉。
2. 抹茶冰淇淋挖出 3 个球放到杯中。
3. 把放凉的咖啡倒在冰淇淋上。
4. 把打发的淡奶油挖放在冰淇淋上，最后放上巧克力卷即可。

❶ ❷ ❸ ❹

抹茶
冰咖啡

摩加
冰咖啡

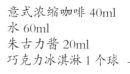

意式浓缩咖啡 40ml
水 60ml
朱古力酱 20ml
巧克力冰淇淋 1 个球

1. 将巧克力冰淇淋挖成球放入雪克杯中。
2. 接着倒入意式浓缩咖啡。
3. 倒入水和朱古力酱。
4. 搅拌均匀。
5. 倒入杯中。
6. 最后装饰上巧克力碎即可。

蓝橙利口酒 15ml
意式浓缩咖啡 60ml
水 40ml
冰块 4 块
糖浆 10ml
牛奶 50ml
橙汁 50ml

1. 取蓝橙利口酒，倒入雪克杯中。
2. 将糖浆、水、冰块、牛奶倒入雪克杯中。
3. 将橙汁倒入雪克杯中。
4. 将意式浓缩咖啡倒入雪克杯中，轻轻摇匀。
5. 去冰后，倒入杯中。
6. 装饰上橙片。

橙片
冰咖啡

110

意式浓缩咖啡 40ml
水 60ml
糖浆 10ml
朱古力酱 20ml
香蕉 100g
牛奶 40ml
冰块 5 块

1. 把香蕉去皮, 放入雪克杯
   中, 用勺子捣烂。

2. 加入意式浓缩咖啡、水、
   糖浆。

3. 加入朱古力酱。

4. 加入牛奶, 搅匀。

5. 在杯中放入冰块。

6. 把咖啡混合液倒入杯中,
   最后装饰上香蕉片即可。

淡奶油 30ml（需打发）
意式浓缩咖啡 40ml
水 50ml
糖浆 10ml
香草冰淇淋 3 个球
杏仁片 10g

1. 将香草冰淇淋球挖到杯中。
2. 把意式浓缩咖啡、水放在一起。
3. 搅匀，放凉。
4. 将放凉后的咖啡倒在冰淇淋球上。
5. 再放上打发的淡奶油。
6. 最后放上杏仁片。

❶ ❷ ❸
❹ ❺ ❻

杏仁
冰咖啡

112

① ② ③
④ ⑤ ⑥

意式浓缩咖啡 30ml
水 30ml
糖浆 5ml
香草冰淇淋 1 个球
巧克力冰淇淋 1 个球
雪碧 60ml

1. 将香草冰淇淋挖成球，放入杯中。
2. 将巧克力冰淇淋挖成球，放入杯中。
3. 将意式浓缩咖啡、水和糖浆倒在一起。
4. 搅匀。
5. 放凉后，倒入杯中。
6. 倒入雪碧，要慢慢倒入。最后装饰上橙片即可。

意式浓缩咖啡 60ml
糖浆 10ml
牛奶 50ml
香草冰淇淋 1 个球
蓝莓优酪果冻 90g
朱古力酱 20ml

1. 把意式浓缩咖啡和糖浆倒在一起，搅匀，放凉。
2. 将蓝莓优酪果冻切成小方块，放入杯中。
3. 把放凉的咖啡倒入杯中。
4. 倒入牛奶，挖出香草冰淇淋球，放到杯中。
5. 在表面淋上朱古力酱。
6. 最后撒上巧克力碎装饰。

① ② ③ ④ ⑤ ⑥

爪哇
冰摩加

萨尔玛
冰咖啡

① ② ③

④ ⑤ ⑥

意式浓缩咖啡 60ml
水 90ml
糖浆 20ml
樱桃白兰地 20ml
冰块 15 块
白砂糖少许
柠檬片 3 片

1. 用柠檬片擦拭杯口。

2. 在擦了柠檬汁的杯口上沾
   上白砂糖。

3. 把意式浓缩咖啡、水和糖
   浆倒在一起，搅匀，放凉。

4. 在杯中先放入冰块，再把
   放凉后的咖啡倒入杯中。

5. 倒入樱桃白兰地。

6. 最后放入柠檬片即可。

意式浓缩咖啡 60ml
水 60ml
糖浆 20ml
香草冰淇淋 1 个球
淡奶油 20ml（需打发）
朱古力酱 30ml

1. 在杯中挤入朱古力酱。
2. 把意式浓缩咖啡、水和糖浆倒在一起，搅匀，放凉。
3. 把放凉的咖啡倒入杯中。
4. 放上打发的淡奶油。
5. 然后，轻轻地放入香草冰淇淋球。
6. 最后撒上巧克力碎装饰。

❶ ❷ ❸

❹ ❺ ❻

斯拉夫
冰咖啡

日式
冰咖啡

116

意式浓缩咖啡 60ml
水 90ml
糖浆 15ml
草莓冰淇淋 1 个球
冰块 10 块
淡奶油 20ml

1. 把意式浓缩咖啡、水和糖
   浆倒在一起。
2. 搅匀，放凉。
3. 在杯中先放入冰块。
4. 接着再倒入放凉的咖啡。
5. 挖上草莓冰淇淋球，轻轻
   放入杯中。
6. 最后放上心形棉花糖装
   饰，淋上淡奶油。

意式浓缩咖啡 60ml
水 80ml
糖浆 20ml
君度橙酒 15ml
淡奶油 20ml（需打发）
草莓冰淇淋 2 个球
橙片 1 片

1. 把意式浓缩咖啡、水和糖
   浆倒在一起，搅匀，放凉。
2. 用冰淇淋勺挖上草莓冰淇
   淋球放入杯中。
3. 接着倒入放凉的咖啡。
4. 再加入君度橙酒。
5. 在表面放上打发的淡奶油。
6. 最后放上橙片即可。

特丽莎
冰咖啡

爆米花咖啡

118

① ② ③

④ ⑤ ⑥

意式浓缩咖啡 80ml
淡奶油 30ml（需打发）
糖浆 15ml
可可粉 4g
牛奶 70ml
朱古力酱 10ml
爆米花 20 粒

1. 把牛奶和可可粉倒入拉花
   杯中，用蒸汽加热均匀，
   即为热可可。
2. 把意式浓缩咖啡倒入杯中。
3. 再加入糖浆和热可可。
4. 在打发的淡奶油中加入朱
   古力酱，搅匀。
5. 把搅匀的奶油倒入杯中。
6. 最后撒上爆米花即可。

意式浓缩咖啡 40ml
淡奶油 20ml（需打发）
椰汁 40ml
牛奶 50ml
糖浆 15ml
花生碎 10g

1. 先在杯中倒入意式浓缩咖啡。
2. 接着加入糖浆。
3. 再倒入椰汁。
4. 把牛奶用蒸汽打发成奶泡，倒入杯子。
5. 在表面挖上打发的淡奶油。
6. 最后放上花生碎即可。

椰奶咖啡

朱古力
咖啡

120

①

②

③

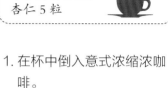

意式浓缩咖啡 60ml
淡奶油 20ml（需打发）
热水 60ml
糖浆 20ml
杏仁力娇酒 20ml
朱古力酱 20ml
杏仁 5 粒

④

⑤

⑥

1. 在杯中倒入意式浓缩浓咖
   啡。
2. 再倒入热水和糖浆。
3. 接着倒入杏仁力娇酒。
4. 在咖啡的表面挖放上打发
   的淡奶油。
5. 在表面放上杏仁。
6. 最后挤上朱古力酱即可。

意式浓缩咖啡 30ml
热水 50ml
糖浆 15ml
树莓果酱 50ml
牛奶 60ml

❶ ❷ ❸
❹ ❺ ❻

1. 在杯中先放入 40ml 的树莓果酱。
2. 把牛奶用蒸汽加热打泡，再慢慢地倒入杯中。
3. 把意式浓缩咖啡、热水和糖浆放在一起，搅匀。
4. 慢慢倒入杯中。
5. 在表面挖上奶泡。
6. 淋上剩余的树莓果酱即可。

树莓
咖啡

果仁
冰咖啡

①

②

③

④

⑤

⑥

意式浓缩咖啡 60ml
淡奶油 20ml（需打发）
水 60ml
芒果浓缩汁 20ml
芒果冰淇淋 2 个球
榛果果仁 6 颗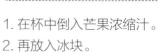
冰块 10 块

1. 在杯中倒入芒果浓缩汁。

2. 再放入冰块。

3. 接着倒入水和放凉的意式
   浓缩咖啡。

4. 挖 2 个芒果冰淇淋球，放
   入杯中。

5. 在冰淇淋的表面挖上打发
   的淡奶油。

6. 最后放上榛果果仁。

意式浓缩咖啡 30ml
淡奶油 20ml（需打发）
草莓番石榴浓缩汁 10ml
芦荟果肉 30g
樱桃白兰地 10ml
水 40ml
百香果浓缩汁 10ml
桃汁 30ml

1. 把意式浓缩咖啡放入雪克杯中。
2. 再放入草莓番石榴浓缩汁、水、百香果浓缩汁和桃汁。
3. 摇匀后倒入杯中。
4. 取樱桃白兰地，倒入杯中。
5. 放入打发的淡奶油。
6. 最后放上芦荟果肉即可。

百果
咖啡

124

❶

❷

意式浓缩咖啡 60ml
水 80ml
糖浆 15ml
可可力娇酒 10ml
白薄荷酒 10ml
冰块 15 块
淡奶油 20ml

❸

❹

❺

1. 在杯中放入冰块。
2. 倒入水、糖浆。
3. 倒入放凉的意式浓缩咖啡。
4. 再倒入可可力娇酒和白薄荷酒。
5. 最后在表面加入淡奶油，表面装饰上心形棉花糖。

意式浓缩咖啡 60ml
水 100ml
糖浆 20ml
黑朗姆酒 20ml
冰块 15 块

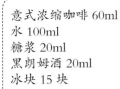

1. 先将意式浓缩咖啡、水和
   糖浆倒在一起。
2. 搅匀，放凉。
3. 把冰块放入杯中。
4. 将放凉的咖啡倒入杯中。
5. 接着再倒入黑朗姆酒，最
   后装饰上柠檬片即可。

牙买加
冰咖啡

威士忌冰咖啡

126

意式浓缩咖啡 60ml
热水 90ml
威士忌 20ml
淡奶油 20ml（需打发）
巧克力棒 2 根
巧克力碎 10g

①

②

③

④

⑤

1. 在杯中先倒入威士忌。
2. 再加入意式浓缩咖啡和热水。
3. 把打发的淡奶油挖放到杯中，浮在表面。
4. 在淡奶油表面撒上巧克力碎。
5. 最后把巧克力棒掰成一节一节的放在表面即可。

意式浓缩咖啡 60ml
糖浆 15ml
水 90ml
樱桃白兰地 15ml
苏打水 150ml

1. 将意式浓缩咖啡和水倒入杯中。

2. 接着倒入糖浆。

3. 冷却后倒入樱桃白兰地。

4. 将苏打水倒入另一个杯中，配合饮用。

维也纳
黑咖啡

意式浓缩咖啡 30ml
巧克力冰淇淋 3 个球
水 60ml
糖浆 10ml
棉花糖 20g
肉桂棒 1 根

1. 把意式浓缩咖啡、水和糖浆倒在一起。
2. 搅匀，放凉。
3. 把巧克力冰淇淋用冰淇淋勺挖入杯中。
4. 把放凉的咖啡顺着杯子的边缘倒入杯中。
5. 把棉花糖剪碎，撒在杯中，再放上肉桂棒即可。

意式浓缩咖啡 60ml
淡奶油 20ml（需打发）
水 40ml
糖浆 15ml
黑朗姆酒 15ml
芦荟果肉 50g

1. 在杯中放入糖浆、水和意式浓缩咖啡，搅匀。
2. 接着倒入黑朗姆酒。
3. 再加入四分之三的芦荟果肉。
4. 挖上打发的淡奶油。
5. 最后把剩余的芦荟果肉放在表面即可。

芦荟奶油咖啡

腰果咖啡

意式浓缩咖啡 60ml
淡奶油 20ml（需打发）
热水 90ml
榛果糖浆 20ml
腰果 20g

1. 在杯中加入榛果糖浆。
2. 接着再倒入意式浓缩咖啡。
3. 倒入热水。
4. 在咖啡的表面挖上打发的淡奶油。
5. 最后再放上腰果即可。

意式浓缩咖啡 30ml
水 30ml
草莓糖浆 30ml
牛奶 50ml
冰块 15 块

1. 在杯中放入冰块。
2. 接着倒入草莓糖浆。
3. 再倒入意式浓缩咖啡。
4. 倒入水。
5. 最后倒入牛奶，装饰上杨
   桃即可。

草莓
冰咖啡

缤纷
冰咖啡

 ❶

 ❷

 ❹

 ❺

淡奶油 10ml（需打发）
香草冰淇淋 1 个球
芒果冰淇淋 1 个球
抹茶冰淇淋 1 个球
草莓冰淇淋 1 个球
巧克力冰淇淋 1 个球
意式浓缩咖啡 40ml
棉花糖 3 块

1. 用冰淇淋勺挖出冰淇淋球，放到杯中。

2. 把放凉的意式浓缩咖啡直接倒在冰淇淋上。

3. 再挖上打发好的淡奶油。

4. 最后放上剪碎的棉花糖即可。

冰块 10 块
迷你奥利奥饼干 12 块
意式浓缩咖啡 100ml
抹茶冰淇淋 1 个球
杨桃片 3 片

1. 把冰块先放入杯中。
2. 把迷你奥利奥饼干放在冰块上。
3. 接着淋上放凉的意式浓缩咖啡。
4. 挖上抹茶冰淇淋球，放在饼干上。
5. 最后在杯中放上杨桃片。

① ② ③

④ ⑤

奥利奥
冰咖啡